CHIMIE

PREMIÈRES LEÇONS

(2ᵉ PARTIE)

Résumé PRATIQUE de la Théorie atomique
avec Tableaux comparatifs des deux
systèmes de notations et de formules

PAR

H. BILLET,

Ancien Inspecteur de l'Enseignement primaire,
Professeur de Physique au Collège de Boulogne-sur-Mer,
Officier de l'Instruction publique.

1893

BOULOGNE-SUR-MER

TYPOGRAPHIE ET LITHOGRAPHIE SIMONNAIRE ET Cⁱᵉ
7, Rue de la Coupe, 7

Cet opuscule a été imprimé sur PAPIER COLLÉ,
ainsi que devrait l'être tout LIVRE CLASSIQUE,
pour la commodité des ANNOTATIONS A LA
PLUME des Élèves laborieux.

CHIMIE

PREMIÈRES LEÇONS

(2ᵉ PARTIE)

Résumé PRATIQUE de la Théorie atomique
avec Tableaux comparatifs des deux
systèmes de notations et de formules

PAR

H. BILLET,

Ancien Inspecteur de l'Enseignement primaire,
Professeur de Physique au Collège de Boulogne-sur-Mer,
Officier de l'Instruction publique.

1893

BOULOGNE-SUR-MER

TYPOGRAPHIE ET LITHOGRAPHIE SIMONNAIRE ET Cⁱᵉ

7, Rue de la Coupe, 7

A Monsieur le Dr Aigre, Maire de la Ville de Boulogne-sur-Mer.

Monsieur le Maire,

J'ai l'honneur de vous présenter ce que j'appelle mon Devoir des Vacances.

Voulez-vous en accepter la dédicace ?

Nous aussi, les Professeurs, nous aimons ce temps de loisir. Otium nos etiam juvat, recreat, delectat. Nous en profitons, pour en faire profiter nos Elèves, et pour améliorer, chaque année, notre enseignement.

Tous, nous travaillons ainsi, par conscience ; les vieux comme moi, le font un peu, il faut l'avouer, par habitude, par manie, pour se prouver à eux-mêmes qu'ils... ne radotent pas encore.

Vous, Monsieur le Maire, vous êtes un de ceux qui, Elèves, nous ont donné le plus de satisfaction, et qui, devenus Hommes, font le plus honneur à notre cher Collège. Dans la haute position où vous êtes arrivé, par votre travail, par vos capacités, par la confiance inspirée à vos Concitoyens, vous personnifiez, d'une manière toute spéciale, cette génération d'élite que nous avons vue passer et grandir sur nos bancs, que nous avons bien connue, que nous avons aimée.

C'est à tous ces jeunes Amis, rencontrés dans ma longue carrière, que je pense, en pensant à Celui qui les représente si dignement, et en me permettant de lui offrir ce petit souvenir.

Veuillez agréer, Monsieur le Maire, l'expression de mon respect et de mon dévouement.

H. BILLET,

Professeur au Collège communal.

Boulogne-sur-Mer, le 13 Septembre 1893.

Equivalent en volume (ou volume de l'équiv. en poids)

L'eau se compose :

En poids, de 1 d'hydrogène et de 8 d'oxygène ;
En volumes, de 2 d'hydrogène et de 1 d'oxygène.

Donc, si l'on prend 2 pour l'équiv. en vol. de l'hydrogène, on aura 1 pour celui de l'oxygène, c'est-à-dire que l'équiv. en vol. de l'oxygène devient l'unité des équiv. en vol.

Ainsi :

	Equivalents	
	en poids	*en vol.*
Hydrogène..	1	2
Oxygène....	8	1

DÉFINITION. — L'équiv. en vol. d'un corps est le nombre qui représente le rapport entre le vol. gazeux de l'équiv. en poids de ce corps et le vol. du poids 8 d'oxygène (les deux gaz étant à 0°, sous 760$^{m/m}$).

Pour un corps gazeux quelconque, ayant l'équiv. en poids Ep et la densité D, on aura :

$$Ev = \frac{Ep}{1,293 \times D} : \frac{8}{1,293 \times 1,1056} = \frac{Ep}{D} : \frac{8}{1,1056} = \frac{Ep}{D \times 7,2\ldots}$$

D'où la formule :

$$Ep = Ev \times D \times 7,2\ldots$$

Trois sortes de rapports *approximatifs* :

$$\left.\begin{array}{l}\text{Oxygène} \\ \text{Soufre..}\end{array}\right\} = 1 \quad \left.\begin{array}{l}\text{Hydrogène} \\ \text{Chlore....} \\ \text{Azote ....} \\ \text{Eau.......}\end{array}\right\} = 2 \quad \left.\begin{array}{l}\text{Gaz chlorhydrique...} \\ \text{Ammoniaque........} \\ \text{Carbures d'hydrogène}\end{array}\right\} = 4$$

Double loi de Gay-Lussac (¹)

concernant les volumes gazeux, dans les combinaisons.

Rapports toujours très simples :

1° Des volumes des gaz composants, entre eux ;

2° De la somme des volumes des composants, comparée au volume du composé.

Trois types principaux.

1er type : 1 vol. hydrogène + 1 vol. chlore   = 2 vol. gaz chlorhydrique.
2° » : 2 »   »   + 1 vol. oxygène = 2 vol. vapeur d'eau.
3° » : 3 »   »   + 1 vol. azote   = 2 vol. gaz ammoniac.

Il est prudent, ici, de ne pas trop se hâter de *généraliser*, de peur de tomber dans l'*induction défectueuse.*

Voici tout ce que l'on peut dire :

1° *Assez souvent*, comme dans le 1er type, quand les volumes des composants sont égaux, le volume du composé est égal à leur somme. — C'est le seul cas de la *conservation des volumes.*

2° Lorsque les volumes des composants sont inégaux, le volume du composé est *ordinairement* plus petit que leur somme, et d'autant plus petit, que la différence entre les volumes des composants est plus grande.

Remarque — Les expériences à faire pour la vérification de ces lois, sont souvent difficiles ou même impossibles. En effet, d'une part, il faut opérer sur des gaz parfaitement secs, dans les conditions normales de température et de pression (0° et 760^m/^{m}), ou faire les corrections correspondantes ; d'autre part, il s'en faut de beaucoup que tous les corps soient *vaporisables*, dans les conditions qu'exigeraient les *manipulations du laboratoire.*

-----

(1) GAY-LUSSAC, savant français (1792-1850), célèbre à la fois comme physicien et comme chimiste. — Il est à noter, ici, que, selon GAY-LUSSAC, tous les gaz devaient toujours obéir à la loi de Mariotte, et avoir le même coefficient de dilatation. (*Voir, plus loin, hypothèse fondamentale de la théorie atomique*).

Certaines théories reposent tout particulièrement sur le volume de la vapeur de carbone. Mais, jusqu'à présent, la vapeur de carbone échappe aux manipulations des chimistes [1]. De là, un premier désaccord entre Gay-Lussac et les partisans actuels de la théorie des volumes. Gay-Lussac prenait 0,416 pour la densité de la vapeur de carbone ; aujourd'hui, on prend généralement 0,848. D'ailleurs, quel que soit celui des deux nombres qu'on adopte, la composition du cyanogène *Cy* (ou azoture de carbone C^2Az,) découvert par Gay-Lussac, ne s'accorde avec aucun des *types* ci-dessus. Gay-Lussac lui-même disait :

2 vol. vapeur de carbone + 1 vol. azote = 1 vol. cyanogène, ce qui est en opposition avec le 2ᵉ type ; aujourd'hui, on dit *(sans en être plus sûr) :*

1 vol. vapeur de carbone + 1 vol. azote = 1 vol. cyanogène, ce qui est en opposition avec le 1ᵉʳ type.

Même difficulté pour l'acétylène :

1 vol. hydrogène + 1 vol. vapeur de carbone = 1 vol. acétylène.

Mêmes difficultés pour le protocarbure et le bicarbure d'hydrogène :

4 vol. hydrogène + 1 vol. vapeur de carbone = 2 vol. de formène;

4 vol. hydrogène + 2 vol. vapeur de carbone = 2 vol. d'éthylène.

Etc., etc.

---

(1) Le *carbone*, sous ses diverses variétés, depuis le *diamant* jusqu'au *noir de fumée*, est un corps solide, infusible et fixe, aux plus hautes températures de *nos fourneaux ordinaires*. C'est seulement au milieu du vide, et grâce à l'action d'une pile de 600 éléments de Bunsen, que le physicien français Despretz, dans une expérience de longue durée, a pu ramollir le charbon, et enfin le volatiliser, sous forme de vapeur épaisse, *immédiatement* condensée en une poudre noire, cristalline et très dure. — Tout récemment, un autre savant français, un chimiste, M. Moissan (le même à qui l'on doit l'isolement du fluor), est parvenu, à l'aide de l'arc voltaïque, et d'une température d'environ 3000°, à transformer de simples charbons en véritables diamants. — Conclusion pratique, au point de vue de l'hygiène et *du langage*. Corriger cette faute si commune : « *Telle personne a été asphyxiée par la vapeur de charbon*. » Lorsque le charbon brûle, plus ou moins complètement, dans l'air, il se combine avec l'oxygène, et forme les gaz carbonique et oxyde de carbone. C'est surtout l'oxyde de carbone qui asphyxie et empoisonne, car il est extrêmement délétère et vénéneux; dans le sang, il déplace et remplace l'oxygène, qu'avaient emporté les *globules*.

Théorie atomique ([1])

La chimie est une science essentiellement expérimentale. Or, les *Equivalents* (ou *nombres proportionnels)* sont l'expression de faits d'expérience ; donc ils sont à maintenir, quelles que soient les hypothèses imaginées et imaginables sur la constitution des corps composés.

La théorie atomique a été édifiée, on peut le dire, sur un échafaudage d'hypothèses.

D'abord, les mots *atome* et *molécule* cessent d'être synonymes.

L'*atome d'un corps simple* est la plus petite quantité de ce corps, pouvant entrer en combinaison; la *molécule d'un corps simple ou composé* est la plus petite quantité de ce corps, pouvant se trouver à l'état libre. — D'où, la distinction de *poids atomique* et de *poids moléculaire*.

I. Poids atomiques des corps simples, à l'état gazeux.

On suppose tous les gaz également dilatables et compressibles.

Par suite, *on suppose :*

1° Que les volumes égaux des divers gaz (dans des conditions identiques de température et de pression) renferment un égal nombre d'atomes ;

2° Que les poids atomiques des gaz simples sont proportionnels aux densités de ces gaz. — D'où, par exemple, les poids atomiques, ou densités des gaz, en fonction de la densité de l'hydrogène.

---

(1) Théorie encore incomplètement établie, variant avec les auteurs, plus compliquée que la méthode des *Equivalents*, et tout à fait inutile pour l'enseignement secondaire.— Toutefois, il est bon, d'en dire quelques mots aux Elèves des classes de Philosophie, de Mathématiques élémentaires et de 1re *Moderne* qui se préparent à suivre les Cours de certaines *Facultés* ou *Ecoles*, ayant adopté cette théorie.

Or, dans l'eau :

2 vol. d'hydrogène + 1 vol. d'oxygène = 2 vol. de vapeur d'eau ;

Dans l'ammoniaque :

3 vol. d'hydrogène + 1 vol. d'azote = 2 vol. de gaz ammoniac.

Donc :

2 atomes d'hydrogène + 1 atome d'oxygène = 1 molécule d'eau;
3 atomes d'hydrogène + 1 atome d'azote = 1 molécule d'ammoniaque.

La molécule d'eau, comme la molécule d'ammoniaque, occupe 2 volumes.

On suppose qu'il en est ainsi pour tous les gaz.

« Tous les atomes qui se sont unis entre eux pour constituer
« la molécule d'un gaz ou d'une vapeur, y sont condensés de
« telle sorte que la molécule occupe 2 volumes (¹). »

Pour les gaz dont l'équivalent en volume *est égal* à celui
de l'hydrogène, le poids atomique est ordinairement *égal* à
l'équivalent en poids ; pour les gaz dont l'équivalent en
volume est *moitié* de celui de l'hydrogène, le poids atomique
est ordinairement *le double* de *l'équivalent en poids.* Ainsi :

	Équiv. en vol.	*Équiv. en poids.*	*Poids atomique.*
Hydrogène	2	1	1
Chlore....	2	35,5	35,5
Azote.....	2	14	14
Oxygène..	1	8	16
Soufre....	1	16	32

---

(1) Wurtz, *Dictionnaire de Chimie* et *Doctrines actuelles.*— Il existe, en
théorie atomique, bien d'autres hypothèses, plus hasardeuses que les hypothèses
mentionnées dans ce résumé.

II. Poids atomiques des corps solides ou liquides « qu'on
« ne peut réduire en vapeurs, dans des conditions convenables.»

« Il existe une foule de matières de ce genre (¹). »

On s'appuie sur la loi *(approximative)* de Dulong et Petit,
concernant les relations qui existent entre les chaleurs
spécifiques et les poids atomiques.

On suppose toujours *(à peu près)*, pour les corps simples,
solides ou liquides :

$$A \times C = 6,4.$$

Malheureusement, cette *loi* souffre beaucoup d'exceptions.

Voici les meilleurs exemples à citer :

	Chal. sp.	*Poids atom.*	*Produit* $A \times C$.
Soufre....	0,2026	32	6,5
Potassium	0,1655	39	6,5
Fer......	0,1138	56	6,4
Nickel....	0,1089	59	6,4
Bismuth..	0,0308	210	6,5
Mercure..	0,0325	200	6,5
Or....... Platine... }	0,0324	197	6,4

N B. La moyenne est de 6,45.

---

(1) Wurtz, ibid.

Tableaux comparatifs

des deux systèmes de notations et de formules.

1er TABLEAU. Corps simples dont le poids atomique est égal à l'équivalent en poids.

$$H = \mathcal{H} = 1 \; (^1).$$

Fl $=$ $\mathcal{Fl}$ $=$ 19			K $=$ $\mathcal{K}$ $=$ 39		
Cl $=$ $\mathcal{Cl}$ $=$ 35,5			Na $=$ $\mathcal{Na}$ $=$ 23		
Br $=$ $\mathcal{Br}$ $=$ 80					
Io $=$ $\mathcal{Io}$ $=$ 127					
Az $=$ $\mathcal{Az}$ $=$ 14					
Ph $=$ $\mathcal{Ph}$ $=$ 31					
As $=$ $\mathcal{As}$ $=$ 75			Sb $=$ $\mathcal{Sb}$ $=$ 120		
Bo $=$ $\mathcal{Bo}$ $=$ 11			Bi $=$ $\mathcal{Bi}$ $=$ 210		
			Ag $=$ $\mathcal{Ag}$ $=$ 108		

---

(1) Je propose, pour la notation atomique, l'emploi de *caractères* autres que ceux qui sont consacrés pour les Équivalents. Ainsi, à la seule inspection des formules, les Élèves sauront de quelle théorie on leur parle. Pour de nouvelles idées, il faut des signes nouveaux : *Indiciis monstrare recentibus abdita rerum* (Hor., Art poët.).

Ce ne sont pas seulement les Élèves qui se trouvent embarrassés, et même exposés à faire de regrettables confusions. Voici, entre autres, un exemple assez curieux, extrait d'un livre de grande réputation :

« On a longtemps donné au type des sucres la formule $C_{12}H_{12}O_{12}$, 2HO.
« L'amidon aurait été composé de $C_{12}H_9O_9$, HO (ou $C_{12}H_{10}O_{10}$). La formule
« définitive de ces corps est un sujet de discorde pour les chimistes. Aujourd'hui,
« selon WURTZ, par exemple, la formule de l'amidon serait $C_6H_{10}O_5$. »

Évidemment, l'auteur oublie, ici, que la nouvelle formule donnée par WURTZ revient à l'ancienne ; et que, à l'analyse, on n'a qu'un seul et même corps, ayant pour formule équivalentaire $C_{12}H_{10}O_{10}$, et pour formule atomique $C_6H_{10}O_5$; autrement dit, d'après notre manière d'écrire, $C_{12}H_{10}O_{10} = \mathcal{C}_6\mathcal{H}_{10}\mathcal{O}_5$.

2ᵉ **Tableau** — Corps simples dont le poids atomique est double de l'équivalent en poids.

$$O = 8 \; ; \; \mathcal{O} = 16$$
$$S = 16 \; ; \; \mathcal{S} = 32$$

$$C = 6 \; ; \; \mathcal{C} = 12$$
$$Si = 14 \; ; \; \mathcal{S}i = 28$$

$$Ba = 68,5 \; ; \; \mathcal{B}a = 137$$
$$Ca = 20 \; ; \; \mathcal{C}a = 40$$
$$Mg = 12 \; ; \; \mathcal{M}g = 24$$
$$Mn = 27,5 \; ; \; \mathcal{M}n = 55$$
$$Al = 14 \; ; \; \mathcal{A}l = 28$$
$$Zn = 33 \; ; \; \mathcal{Z}n = 66$$
$$Fe = 28 \; ; \; \mathcal{F}e = 56$$
$$Cr = 26,5 \; ; \; \mathcal{C}r = 53$$
$$\left.\begin{array}{l} Ni \\ Co \end{array}\right\} = 29,5 \; ; \; \left.\begin{array}{l} \mathcal{N}i \\ \mathcal{C}o \end{array}\right\} = 59$$
$$Sn = 59 \; ; \; \mathcal{S}n = 118$$
$$Cu = 32 \; ; \; \mathcal{C}u = 64$$
$$Pb = 104 \; ; \; \mathcal{P}b = 208$$
$$Hg = 100 \; ; \; \mathcal{H}g = 200$$
$$\left.\begin{array}{l} Au \\ Pt \end{array}\right\} = 98,5 \; ; \; \left.\begin{array}{l} \mathcal{A}u \\ \mathcal{P}t \end{array}\right\} = 197$$

N. B. En se rappelant ces deux premiers Tableaux, les Élèves n'auront aucune peine pour comprendre et retenir les *formules* des Tableaux suivants :

3e TABLEAU. Corps composés dont les éléments appartiennent, *tous*, au 1er Tableau.

HCl	=	HCl	=	36,5
AzH³	=	AzH^3	=	17
AzH³,HCl	=	AzH^4Cl	=	53,5
HFl	=	HFl	=	20
KCl	=	KCl	=	74,5
KBr	=	KBr	=	119
KIo	=	KIo	=	166
NaCl	=	$NaCl$	=	58,5
CaFl	=	$CaFl$	=	39
AgCl	=	$AgCl$	=	143,5
AgBr	=	$AgBr$	=	188
AgIo	=	$AgIo$	=	235

4ᵉ TABLEAU. Corps composés dont les éléments appartiennent, *tous*, au 2ᵐᵉ Tableau.

SO_2	=	32	SO^2	=	64
SO_3	=	40	SO^3	=	80
CO	=	14	CO	=	28
CO^2	=	22	CO^2	=	44
$Si\,O^2$	=	30	$Si\,O^2$	=	60
$Ba\,O$	=	76,5	$Ba\,O$	=	153
$Ca\,O$	=	28	$Ca\,O$	=	56
$Mn\,O^2$	=	43,5	$Mn\,O^2$	=	87
$Al^2\,O^3$	=	52	$Al^2\,O^3$	=	104
$Fe^2\,O^3$	=	80	$Fe^2\,O^3$	=	160
$Fe^3\,O^4$	=	116	$Fe^3\,O^4$	=	232
$Zn\,S$	=	49	$Zn\,S$	=	98
$Fe\,S^2$	=	60	$Fe\,S^2$	=	120
BaO,SO^3	=	116,5	$SO^4\,Ba$	=	233
CaO,CO^2	=	50	$CO^3\,Ca$	=	100

5ᵉ TABLEAU. Cas mixte. — Double procédé pour passer de la formule équivalentaire à la formule atomique, et *vice versa*.

HO	=	9	H^2O	=	18
HS	=	17	H^2S	=	34
Az O	=	22	Az^2O	=	44
Az O²	=	30	AzO	=	30
Az O³	=	38	Az^2O^3	=	76
Az O⁴	=	46	AzO^2	=	46
Az O⁵	=	54	Az^2O^5	=	108
Az O⁵,HO	=	63	AzO^3H	=	63
SO³,HO	=	49	SO^4H^2	=	89
PhO⁵	=	71	Ph^2O^5	=	142
PhO⁵,HO	=	80	PhO^3H	=	80
PhO⁵,2HO	=	89	$Ph^2O^7H^4$	=	178
PhO⁵,3HO	=	98	PhO^4H^3	=	98
KO,ClO⁵	=	122,5	ClO^3K	=	122,5
NaO,SO³	=	71	SO^4Na^2	=	142
CuO,AzO⁵	=	94	Az^2O^6Cu	=	188
AgO,AzO⁵	=	170	AzO^3Ag	=	170
C⁴H⁵O	=	37	$C^4H^{10}O$	=	74
C⁴H⁶O²	=	46	C^2H^6O	=	46

FIN.